Ruby Jindal

Harmonia da Terra: Uma viagem à ciência ambiental

Ruby Jindal

Harmonia da Terra: Uma viagem à ciência ambiental

ScienciaScripts

Imprint

Cover image: www.ingimage.com

This book is a translation from the original published under ISBN 978-620-7-80709-3.

Publisher:
Sciencia Scripts
is a trademark of
Dodo Books Indian Ocean Ltd. and OmniScriptum S.R.L publishing group

120 High Road, East Finchley, London, N2 9ED, United Kingdom
Str. Armeneasca 28/1, office 1, Chisinau MD-2012, Republic of Moldova, Europe
Printed at: see last page
ISBN: 978-620-7-90098-5

Prefácio

Na vasta tapeçaria do nosso mundo, existe um equilíbrio delicado - uma harmonia de ecossistemas, climas e formas de vida entrelaçados numa sinfonia de existência. No entanto, esta harmonia está ameaçada. As actividades humanas puseram em movimento forças que desafiam a própria estrutura da ordem natural do nosso planeta. As alterações climáticas, a poluição, a destruição do habitat - tudo isto se agiganta, lançando sombras sobre o futuro da nossa casa.

"Harmony Earth: A Journey into Environmental Science" embarca numa profunda exploração dos desafios ambientais do nosso planeta e da ciência que está na base da nossa compreensão dos mesmos. Este livro não é apenas uma coleção de factos e números; é uma narrativa que mergulha profundamente nos sistemas interligados que sustentam a vida na Terra. Desde os organismos microscópicos que moldam os nossos solos até aos vastos oceanos que regulam o nosso clima, todos os aspectos do nosso ambiente estão intrinsecamente ligados.

Através destas páginas, iremos desvendar os mistérios da biodiversidade, mergulhar nas complexidades da dinâmica climática e explorar as inovações promissoras para um futuro sustentável. Confrontar-nos-emos com a dura realidade da degradação ambiental e descobriremos as histórias de esperança dos esforços de conservação e recuperação em todo o mundo.

"Harmony Earth" não é apenas um apelo à ação, mas também uma celebração das maravilhas do nosso mundo natural. Procura inspirar a curiosidade, fomentar a compreensão e despertar um sentido de responsabilidade pelo planeta a que chamamos casa. Cada capítulo é um testemunho da resiliência da natureza e do engenho do esforço humano. É um lembrete de que, através do conhecimento e da ação colectiva, podemos forjar um caminho para uma coexistência mais harmoniosa com o nosso planeta.

Por

Dr. Ruby Jindal

(Universidade K.R. Mangalam, Gurugram, Haryana, Índia)

Capítulo 1: Os fundamentos da ciência ambiental

No início, existia a Terra - um planeta diferente de qualquer outro no nosso sistema solar, repleto de vida e envolvido por um delicado manto de atmosfera. Este capítulo prepara o terreno para a nossa exploração da ciência ambiental, estabelecendo os princípios e conceitos fundamentais que regem a nossa compreensão do mundo natural.

1.1 O sistema terrestre

O nosso planeta não é apenas um conjunto de terra, água e ar; é um sistema dinâmico de componentes interligados, conhecido como o sistema terrestre. No seu centro está a atmosfera, uma fina camada de gases que nos protege da dureza do espaço e regula o nosso clima. À volta da Terra está a hidrosfera, que inclui oceanos, rios, lagos e águas subterrâneas - reservatórios cruciais de água que sustenta a vida. Por baixo dos nossos pés, a litosfera forma o invólucro exterior sólido da Terra, englobando continentes, montanhas e o fundo dos oceanos. Juntas, estas esferas interagem de forma complexa, moldando os padrões climáticos, influenciando os ecossistemas e suportando a diversidade da vida.

1.2 Biodiversidade: A teia da vida

No centro do sistema terrestre está a biodiversidade - a incrível variedade de organismos vivos que habitam o nosso planeta. Desde as bactérias microscópicas do solo até às imponentes sequóias da Califórnia, cada espécie desempenha um papel único na manutenção da estabilidade e resiliência dos ecossistemas. Aprofundamos o conceito de hotspots de biodiversidade - regiões do mundo com níveis excecionalmente elevados de diversidade de espécies e a necessidade urgente de esforços de conservação.

1.3 O impacto humano: Factores antropogénicos

Embora as forças naturais tenham moldado a história da Terra ao longo de milhares de milhões de anos, as actividades humanas emergiram como uma força dominante de mudança nos últimos séculos. Exploramos o conceito de impactos antropogénicos - perturbações causadas pelo homem nos sistemas naturais - incluindo a desflorestação, a poluição, a destruição de habitats e as alterações climáticas. Através de estudos de casos e dados, revelamos a escala impressionante destes impactos e as suas consequências de longo alcance para a biodiversidade, os ecossistemas e o bem-estar humano.

1.4 Clima da Terra: Dinâmica e Mudança

O clima é o coração do nosso planeta, regulando as temperaturas, os padrões de precipitação e a distribuição da vida. Aqui, examinamos os mecanismos que determinam o sistema climático da Terra, desde a radiação solar e os gases com efeito de estufa até às correntes oceânicas e à circulação atmosférica. Exploramos o conceito de alterações climáticas - a alteração dos padrões climáticos globais ao longo do tempo - e as provas científicas que ligam as actividades humanas, em particular a queima de combustíveis fósseis, às tendências de aquecimento sem precedentes observadas nas últimas décadas.

1.5 Ética ambiental e sustentabilidade

O estudo das ciências do ambiente inclui considerações éticas profundas. Discutimos os princípios da ética ambiental, que orientam as nossas obrigações morais para com o mundo natural e as gerações futuras. Conceitos como a sustentabilidade - satisfazer as necessidades do presente sem comprometer a capacidade das gerações futuras de satisfazerem as suas próprias necessidades - surgem como quadros cruciais para enfrentar os desafios ambientais do nosso tempo.

1.6 O papel da ciência e da tecnologia

Ao longo da história, a investigação científica e a inovação tecnológica transformaram a nossa compreensão do mundo natural e moldaram a nossa capacidade de mitigar e adaptarmo-nos às alterações ambientais. Examinamos o papel da ciência ambiental na informação das decisões políticas, na condução dos esforços de conservação e no desenvolvimento de tecnologias sustentáveis que oferecem caminhos para um futuro mais resiliente.

1.7 Conclusão: Um apelo à ação

Ao concluirmos a nossa exploração dos fundamentos da ciência ambiental, reflectimos sobre a interligação dos sistemas da Terra, a diversidade da vida que suporta e os impactos profundos das acções humanas. Este capítulo serve como um apelo à ação - abraçar a curiosidade, fomentar a gestão e trabalhar coletivamente para encontrar soluções que salvaguardem a beleza e a integridade do nosso planeta. A viagem pela ciência ambiental está apenas a começar e os capítulos seguintes irão aprofundar desafios específicos, inovações e histórias inspiradoras que moldam o caminho a seguir para a "Harmony Earth".

Capítulo 2: Dinâmica e Interacções dos Ecossistemas

No Capítulo 2 de "Harmony Earth: Uma Viagem à Ciência Ambiental", mergulhamos na intrincada dinâmica dos ecossistemas - as vibrantes tapeçarias de vida que cobrem o nosso planeta. Os ecossistemas englobam uma diversidade de habitats, desde florestas tropicais luxuriantes a desertos áridos, cada um suportando uma comunidade única de organismos e desempenhando um papel vital no equilíbrio ecológico da Terra.

2.1 Compreender os ecossistemas

No centro da ciência ambiental está o estudo dos ecossistemas - redes complexas de interacções entre organismos vivos e o seu ambiente físico. Exploramos o conceito de sucessão ecológica - como os ecossistemas evoluem e mudam ao longo do tempo em resposta a perturbações como incêndios, tempestades ou actividades humanas. Desde a sucessão primária em paisagens estéreis até à sucessão secundária em ecossistemas em recuperação, estes processos revelam a resiliência e a adaptabilidade da natureza.

2.2 Fluxo de energia e relações tróficas

A energia é a moeda da vida nos ecossistemas, impulsionando processos como a fotossíntese, a respiração e o ciclo de nutrientes. Investigamos o fluxo de energia através dos níveis tróficos - desde os produtores (plantas) até aos consumidores primários (herbívoros) e até aos consumidores secundários e terciários (predadores) - destacando as eficiências e ineficiências que moldam as teias alimentares e as pirâmides energéticas. O delicado equilíbrio destas interacções determina a estabilidade e a produtividade dos ecossistemas.

2.3 Ciclos de nutrientes: Sustentação da vida

Os ecossistemas dependem do ciclo de nutrientes essenciais - incluindo o carbono, o azoto, o fósforo e outros - entre os organismos vivos, o solo, a água e a atmosfera. Exploramos estes ciclos biogeoquímicos, examinando a forma como as actividades humanas perturbam os processos naturais através de práticas como a desflorestação, a agricultura industrial e a poluição por nutrientes. A compreensão destes ciclos é crucial para mitigar os impactes ambientais e promover a gestão sustentável dos recursos.

2.4 Biodiversidade e serviços ecossistémicos

A biodiversidade - a variedade de formas de vida nos ecossistemas - não é apenas uma medida da riqueza ecológica, mas também a base dos serviços dos ecossistemas. Discutimos os benefícios inestimáveis que os ecossistemas proporcionam à humanidade, como a polinização das culturas pelos insectos, a purificação da água pelas zonas húmidas e a regulação do clima pelas florestas. A perda de biodiversidade coloca riscos significativos para estes serviços, sublinhando a necessidade urgente de esforços de conservação e recuperação.

2.5 Perturbações e resiliência

Os ecossistemas são resistentes às perturbações naturais, mas enfrentam pressões crescentes das alterações induzidas pelo homem. Examinamos os impactos das perturbações - tanto naturais (incêndios florestais, furacões) como antropogénicas (desflorestação, poluição) - na estrutura e função dos ecossistemas. Estudos de caso de diversos ecossistemas em todo o mundo ilustram estratégias de adaptação e mecanismos de resiliência que permitem que os ecossistemas recuperem e prosperem face à adversidade.

2.6 Estratégias de Conservação e Ecologia de Restauro

Em resposta às crescentes ameaças à biodiversidade e à saúde dos ecossistemas, as estratégias de conservação e a ecologia da restauração desempenham um papel fundamental na salvaguarda do património natural da Terra. Exploramos os princípios da biologia da conservação, incluindo a proteção do habitat, a reintrodução de espécies e o estabelecimento de áreas protegidas. Além disso, aprofundamos a ecologia da restauração - uma abordagem proactiva destinada a reparar ecossistemas danificados e a melhorar a sua integridade ecológica.

2.7 Conhecimento indígena e sabedoria ecológica tradicional

Ao longo da história, os povos indígenas têm gerido paisagens com profundos conhecimentos ecológicos e práticas culturais que sustentam a biodiversidade e a saúde dos ecossistemas. Reconhecemos as contribuições inestimáveis dos sistemas de conhecimento indígena para a ciência e conservação ambiental, destacando a importância de incorporar a sabedoria ecológica tradicional nas práticas modernas de conservação.

2.8 Conclusão: Manter os ecossistemas para as gerações futuras

Ao concluirmos a nossa exploração das dinâmicas e interacções ecosistémicas, reflectimos sobre a profunda interligação da vida na Terra e o papel crítico dos ecosistemas na manutenção da saúde planetária e do bem estar humano. Este capítulo serve como um lembrete da nossa responsabilidade colectiva de nutrir e proteger os ecosistemas da Terra para as gerações futuras. Ao compreender e respeitar a intrincada teia da vida, podemos forjar um caminho para uma coexistência sustentável e harmoniosa com a "Terra Harmonia".

Capítulo 3: Alterações climáticas: Impactos, Adaptação e Mitigação

O capítulo 3 de "Harmony Earth: Uma Viagem à Ciência do Ambiente" aborda um dos desafios mais prementes do nosso tempo: as alterações climáticas. Este capítulo explora os mecanismos intrincados da dinâmica climática, os impactos de longo alcance do aquecimento global e a necessidade urgente de estratégias de adaptação e mitigação para salvaguardar o nosso planeta e os seus habitantes.

3.1 Compreender o clima: Mecanismos e factores de mudança

O clima é o padrão a longo prazo das condições meteorológicas numa região específica, moldado por interacções complexas entre a atmosfera da Terra, os oceanos, as superfícies terrestres e os organismos vivos. Aprofundamos os mecanismos fundamentais que determinam o clima - como a radiação solar, os gases com efeito de estufa (GEE) e a variabilidade natural - e a forma como as actividades humanas, em particular a queima de combustíveis fósseis e a desflorestação, intensificaram estes processos, conduzindo a alterações sem precedentes nas temperaturas globais.

3.2 Provas das alterações climáticas

As provas científicas confirmam de forma esmagadora que o clima da Terra está a mudar a um ritmo acelerado, principalmente devido às emissões de gases com efeito de estufa induzidas pelo homem. Exploramos os principais indicadores das alterações climáticas, incluindo o aumento das temperaturas, o degelo dos glaciares e das calotes polares, a alteração dos padrões de precipitação e a maior frequência de fenómenos meteorológicos extremos, como furacões, secas e ondas de calor. Estudos de casos de diferentes regiões ilustram os diversos impactes das alterações climáticas nos ecossistemas, comunidades e economias de todo o mundo.

3.3 Impactos nos ecossistemas e na biodiversidade

As alterações climáticas representam ameaças significativas para os ecossistemas e a biodiversidade, perturbando os habitats, alterando a distribuição das espécies e exacerbando as pressões existentes, como a perda de habitats e a poluição. Examinamos a forma como o aumento das temperaturas e a alteração dos padrões de precipitação afectam as funções dos ecossistemas, as interacções entre espécies e o delicado equilíbrio das relações ecológicas. A perda de biodiversidade devido às alterações climáticas sublinha as vulnerabilidades interligadas dos sistemas naturais da Terra.

3.4 Impactos sociais e comunidades vulneráveis

Para além das consequências ecológicas, as alterações climáticas têm profundos impactos sociais e económicos, afectando de forma desproporcionada as comunidades vulneráveis, incluindo os povos indígenas, as populações costeiras e as que dependem da agricultura e dos recursos naturais. Discutimos as implicações da subida do nível do mar, os desafios em matéria de segurança alimentar e hídrica, os riscos para a saúde decorrentes do stress térmico e das doenças transmitidas por vectores, bem como o potencial aumento da migração e dos conflitos induzidos pelo clima.

3.5 Estratégias de adaptação: Criação de resiliência

A adaptação envolve o ajustamento aos impactos climáticos actuais e previstos para minimizar os riscos e capitalizar as oportunidades. Exploramos estratégias de adaptação às escalas local, nacional e global, incluindo melhorias de infra-estruturas, adaptação baseada em ecossistemas (por exemplo, recuperação de mangais), agricultura resistente ao clima e sistemas de alerta precoce para fenómenos meteorológicos extremos. Os estudos de caso destacam iniciativas de adaptação bem-sucedidas que aumentam a resiliência da comunidade e promovem o desenvolvimento sustentável.

3.6 Esforços de atenuação: Redução das emissões de gases com efeito de estufa

A mitigação refere-se aos esforços destinados a reduzir as emissões de gases com efeito de estufa para atenuar a gravidade das alterações climáticas. Examinamos as estratégias de mitigação em todos os sectores

- energia, transportes, indústria, agricultura e silvicultura - incluindo a utilização de energias renováveis, melhorias na eficiência energética, mecanismos de fixação de preços do carbono, florestação e práticas sustentáveis de gestão dos solos. É também discutido o papel dos acordos internacionais, como o Acordo de Paris, na coordenação dos esforços globais para limitar o aumento da temperatura.

3.7 Inovações tecnológicas e soluções climáticas

Os avanços na ciência e na tecnologia desempenham um papel crucial no desenvolvimento de soluções inovadoras para fazer face às alterações climáticas. Exploramos tecnologias promissoras como a captura e armazenamento de carbono (CCS), inovações em matéria de energias renováveis (solar, eólica, hidroelétrica), redes inteligentes, soluções de transporte sustentáveis (veículos eléctricos) e planeamento urbano inteligente em termos climáticos. Estas inovações oferecem vias para descarbonizar as economias e alcançar a resiliência climática.

3.8 Considerações éticas e justiça climática

As alterações climáticas levantam questões éticas profundas relativamente à responsabilidade, justiça e equidade intergeracional. Discutimos os princípios da justiça climática, defendendo soluções equitativas que dêem prioridade às necessidades das populações vulneráveis e das gerações futuras. O capítulo destaca a importância da solidariedade global na abordagem das alterações climáticas e sublinha o papel dos indivíduos, comunidades, empresas e governos na promoção de uma transição justa para um futuro sustentável.

3.9 Conclusão: Rumo a um futuro resiliente e sustentável

Ao concluirmos a nossa exploração das alterações climáticas, reflectimos sobre a interligação dos sistemas ambientais, sociais e económicos e sobre o imperativo da ação colectiva. Este capítulo serve como um apelo à mobilização de esforços globais para mitigar os impactes climáticos, adaptar-se às mudanças e acelerar a transição para um futuro com baixas emissões de carbono e resiliente. Ao abraçar a inovação, a colaboração e a gestão da "Harmony Earth", podemos salvaguardar o nosso planeta para as gerações actuais e futuras.

Capítulo 4: Poluição e seus impactos ambientais

No capítulo 4 de "Harmony Earth: Uma Viagem à Ciência Ambiental", aprofundamos a questão generalizada da poluição - uma ameaça significativa para os ecossistemas, a biodiversidade, a saúde humana e o bem-estar geral do nosso planeta. Este capítulo explora várias formas de poluição, as suas fontes, impactos e estratégias de mitigação e prevenção.

4.1 Introdução à poluição

A poluição é a introdução de substâncias nocivas ou contaminantes no ambiente, causando efeitos adversos nos organismos vivos e nos sistemas naturais. Examinamos diferentes tipos de poluição, incluindo a poluição atmosférica (proveniente de emissões industriais, gases de escape de veículos e queima de biomassa), a poluição da água (proveniente de descargas industriais, escoamento agrícola e esgotos), a contaminação do solo (proveniente de actividades industriais, exploração mineira e eliminação inadequada de resíduos) e a poluição sonora (proveniente da urbanização e dos transportes).

4.2 Poluição atmosférica: Fontes e Impactos

A poluição atmosférica é uma preocupação global que afecta a qualidade do ar e a saúde humana. Discutimos as principais fontes de poluentes atmosféricos - tais como partículas (PM), óxidos de azoto (NOx), dióxido de enxofre (SO2), compostos orgânicos voláteis (COV) e ozono (O3) - e as suas contribuições para a formação de smog, chuva ácida e doenças respiratórias. Os estudos de caso destacam os desafios da qualidade do ar urbano e as estratégias bem sucedidas de gestão da qualidade do ar, incluindo controlos de emissões e políticas de transportes alternativos.

4.3 Poluição da água: Desafios e soluções

A poluição da água põe em risco os ecossistemas de água doce e marinhos, bem como o acesso humano à água potável. Exploramos as fontes de poluentes da água - tais como produtos químicos industriais, pesticidas, metais pesados e nutrientes (por exemplo, azoto e fósforo) - e os seus impactos na biodiversidade aquática, na saúde dos ecossistemas e nas comunidades humanas. As soluções discutidas incluem tecnologias de tratamento de águas residuais, abordagens de gestão de bacias hidrográficas e quadros regulamentares para proteger os recursos hídricos e os ecossistemas aquáticos.

4.4 Contaminação do solo: Causas e Remediação

A contaminação do solo representa um risco para a agricultura, a biodiversidade e a saúde humana devido à acumulação de poluentes como os metais pesados, os pesticidas e os produtos químicos industriais. Examinamos as fontes e as vias de contaminação do solo, incluindo as práticas industriais históricas e a eliminação incorrecta de resíduos. As estratégias de remediação englobam a análise do solo, a fitoremediação (utilização de plantas para limpar os contaminantes) e técnicas de recuperação do solo destinadas a preservar a fertilidade do solo e a reduzir os riscos para a saúde.

4.5 Poluição por plásticos: Um desafio global

A poluição plástica surgiu como uma questão ambiental omnipresente, afectando os ecossistemas terrestres e marinhos em todo o mundo. Discutimos as fontes, a distribuição e os impactos ecológicos dos detritos plásticos - desde os microplásticos na rede alimentar oceânica até aos macroplásticos que põem em perigo a vida selvagem através da ingestão e do emaranhamento. As iniciativas para combater a poluição por plásticos incluem a redução do consumo de plásticos, a melhoria das práticas de gestão de resíduos, a promoção da reciclagem e a defesa de alterações políticas para reduzir a produção de plásticos e melhorar a conceção dos produtos.

4.6 Poluição sonora: Efeitos na vida selvagem e na saúde humana

A poluição sonora perturba os ecossistemas naturais e o bem-estar humano através de níveis de ruído excessivos provenientes dos transportes, das actividades industriais e do desenvolvimento urbano. Exploramos os seus impactos na comunicação, no comportamento e na utilização do habitat da vida selvagem, bem como os seus efeitos na saúde humana, incluindo o stress, a deficiência auditiva e as perturbações do sono. As estratégias de mitigação envolvem barreiras acústicas, tecnologias de insonorização, medidas de planeamento urbano e regulamentos para proteger habitats e comunidades sensíveis.

4.7 Poluentes emergentes: Desafios e respostas

Os poluentes emergentes, como os produtos farmacêuticos, os produtos de higiene pessoal e os produtos químicos desreguladores endócrinos, colocam novos desafios à saúde ambiental e humana. Examinamos as fontes, as vias de transporte e os impactos ecológicos destes contaminantes, destacando os esforços de investigação para compreender a sua persistência e efeitos nos ecossistemas. As estratégias para lidar com os poluentes emergentes incluem uma melhor monitorização, tecnologias de tratamento e medidas regulamentares para atenuar o seu impacto ambiental.

4.8 Prevenção da poluição e práticas sustentáveis

O combate à poluição exige uma mudança para a prevenção da poluição e práticas sustentáveis em todos os sectores. Discutimos os princípios da prevenção da poluição (P2), incluindo técnicas de produção mais limpas, inovações na química verde e práticas de consumo sustentável destinadas a reduzir a produção de resíduos e a minimizar os impactes ambientais. Os estudos de caso apresentam exemplos bem sucedidos de empresas, comunidades e governos que implementam práticas sustentáveis para atingir os objectivos de redução da poluição.

4.9 Conclusão: Rumo a um planeta livre de poluição

Ao concluirmos a nossa exploração da poluição e dos seus impactos ambientais, salientamos a necessidade urgente de uma ação colectiva para mitigar as fontes de poluição, proteger os ecossistemas e salvaguardar a saúde humana. Este capítulo serve como um apelo à adoção da inovação, da regulamentação e da gestão ambiental para alcançar um planeta livre de poluição. Ao fomentar a consciencialização, promover práticas sustentáveis e defender mudanças políticas, podemos abrir caminho para uma "Terra em Harmonia" mais saudável e resiliente para as gerações presentes e futuras.

Capítulo 5: Biologia da Conservação e Preservação da Biodiversidade

O capítulo 5 de "Harmony Earth: Uma Viagem à Ciência Ambiental" aprofunda o campo crítico da biologia da conservação, explorando a intrincada rede de vida no nosso planeta e a necessidade urgente de preservar a biodiversidade. Este capítulo examina os princípios, estratégias e desafios da conservação da biodiversidade, destacando abordagens inovadoras e histórias de sucesso de todo o mundo.

5.1 Introdução à biologia da conservação

A biologia da conservação é a ciência interdisciplinar dedicada à compreensão e preservação da diversidade biológica da Terra. Exploramos os princípios fundamentais da biologia da conservação, incluindo a riqueza das espécies, a diversidade genética, os serviços dos ecossistemas e o valor intrínseco da biodiversidade. O capítulo enfatiza a interligação das espécies e dos ecossistemas, sublinhando a importância dos esforços de conservação na manutenção da integridade e resiliência ecológicas.

5.2 Ameaças à biodiversidade

As actividades humanas representam ameaças significativas à biodiversidade, incluindo a destruição de habitats, a fragmentação, a sobre-exploração dos recursos naturais, a poluição, as alterações climáticas e as espécies invasoras. Examinamos a forma como estas ameaças perturbam os ecossistemas, conduzem à extinção de espécies e comprometem os serviços ecossistémicos essenciais para o bem-estar humano. Os estudos de caso ilustram o impacto global destas ameaças e destacam espécies e ecossistemas vulneráveis que necessitam de acções urgentes de conservação.

5.3 Estratégias de conservação: Áreas Protegidas e Mais Além

As áreas protegidas - como os parques nacionais, as reservas de vida selvagem e os santuários marinhos - são instrumentos fundamentais para a conservação da biodiversidade. Discutimos a importância das áreas protegidas na salvaguarda do habitat, das espécies e dos processos dos ecossistemas. Além disso, exploramos estratégias de conservação complementares, incluindo a recuperação de habitats, o planeamento do uso sustentável da terra e a agricultura amiga da biodiversidade. O capítulo examina o papel das comunidades indígenas e locais nos esforços de conservação e a importância de integrar o conhecimento ecológico tradicional com as práticas modernas de conservação.

5.4 Genética de conservação: Preservação da diversidade genética

A genética da conservação centra-se na manutenção da diversidade genética nas populações de espécies para aumentar a sua resistência às alterações ambientais e reduzir o risco de depressão endogâmica. Exploramos técnicas genéticas como a análise genética de populações, programas de reprodução em cativeiro e esforços de resgate genético com o objetivo de conservar espécies ameaçadas e restaurar populações. Os estudos de caso destacam exemplos bem-sucedidos de gestão genética e programas de reintrodução que revitalizaram espécies ameaçadas.

5.5 Conservação marinha: Proteção dos ecossistemas oceânicos

A conservação marinha é crucial para preservar a biodiversidade e os serviços ecológicos prestados pelos oceanos e habitats costeiros. Discutimos as áreas marinhas protegidas (AMP), a gestão sustentável das pescas, a conservação dos recifes de coral e os esforços para combater a poluição marinha e a degradação dos habitats. O capítulo explora abordagens inovadoras à conservação marinha, incluindo a gestão baseada nos ecossistemas e a criação de reservas marinhas em grande escala para salvaguardar os hotspots de biodiversidade e promover a resiliência dos oceanos.

5.6 Perspectivas globais da conservação

Os esforços de conservação são inerentemente globais, exigindo colaboração além-fronteiras para enfrentar as ameaças transfronteiriças e promover a cooperação internacional. Examinamos os acordos e iniciativas internacionais de conservação, como a Convenção sobre a Diversidade Biológica (CDB), a Convenção de Ramsar sobre as Zonas Húmidas e a CITES (Convenção sobre o Comércio Internacional das Espécies da Fauna e da Flora Selvagens Ameaçadas de Extinção). O capítulo discute o papel das parcerias multilaterais, das redes de investigação científica e dos mecanismos de financiamento na promoção dos objectivos globais de conservação.

5.7 Ética da conservação e envolvimento do público

A ética da conservação orienta as nossas responsabilidades morais para com o mundo natural e as gerações futuras. Exploramos considerações éticas na biologia da conservação, incluindo debates sobre antropocentrismo versus ecocentrismo, bem-estar animal e os direitos dos povos indígenas e das comunidades locais. O capítulo realça a importância do envolvimento do público, da educação ambiental e da defesa de causas para aumentar a consciencialização, promover a gestão e mobilizar apoio para iniciativas de conservação.

5.8 Desafios e direcções futuras na conservação

Apesar dos progressos significativos na conservação da biodiversidade, persistem inúmeros desafios, incluindo restrições de financiamento, instabilidade política, perda de habitat e o ritmo acelerado das alterações ambientais globais. Discutimos as ameaças emergentes, como as doenças emergentes, as alterações induzidas pelo clima na distribuição das espécies e os impactos dos desenvolvimentos tecnológicos na biodiversidade. O capítulo conclui com uma reflexão sobre o futuro da biologia da conservação, salientando a necessidade de estratégias de gestão adaptativa, soluções inovadoras e um empenhamento sustentado na preservação da biodiversidade da Terra.

5.9 Conclusão: Proteger a "Terra da Harmonia"

Ao concluirmos a nossa exploração da biologia da conservação e da preservação da biodiversidade, reafirmamos a importância crítica de salvaguardar o património natural da Terra para as gerações presentes e futuras. Este capítulo serve como um apelo à ação para abraçar a ética da conservação, alavancar o conhecimento científico e colaborar através de disciplinas e fronteiras para proteger a biodiversidade e promover uma "Terra em Harmonia" sustentável. Ao nutrir uma ligação profunda com a natureza e ao defender políticas e práticas orientadas para a conservação, podemos forjar um caminho para um planeta próspero onde a biodiversidade floresce e os ecossistemas prosperam.

Capítulo 6: Agricultura sustentável e segurança alimentar

O capítulo 6 de "Harmony Earth: Uma Viagem à Ciência Ambiental" explora a intrincada relação entre agricultura, produção de alimentos e sustentabilidade ambiental. Este capítulo aborda os desafios que os sistemas alimentares globais enfrentam, os impactos ambientais da agricultura e as estratégias inovadoras para alcançar a segurança alimentar, preservando os recursos naturais da Terra.

6.1 A importância da agricultura

A agricultura é a base da civilização humana, fornecendo alimentos, fibras e combustível para uma população global em crescimento. Examinamos o desenvolvimento histórico da agricultura, desde as práticas agrícolas tradicionais até à agricultura industrial moderna, e a transição para sistemas agrícolas sustentáveis. O capítulo sublinha o papel fundamental da agricultura no combate à fome no mundo, na redução da pobreza e no desenvolvimento rural.

6.2 Impactos ambientais da agricultura

A agricultura industrial tem provocado impactos ambientais significativos, incluindo a desflorestação, a degradação dos solos, a poluição da água, as emissões de gases com efeito de estufa e a perda de biodiversidade. Exploramos a forma como as práticas agrícolas intensivas, como a monocultura, os fertilizantes químicos e os pesticidas, contribuem para a degradação dos ecossistemas e para as alterações climáticas. Os estudos de caso destacam as consequências regionais e globais das práticas agrícolas insustentáveis nos ecossistemas naturais e na saúde humana.

6.3 Agroecologia: Princípios e práticas

A agroecologia oferece uma alternativa sustentável à agricultura convencional, integrando princípios ecológicos e sistemas de conhecimentos tradicionais nas práticas agrícolas. Discutimos os princípios da agroecologia, incluindo a conservação da biodiversidade, a gestão da saúde do solo, a conservação da água e a promoção do controlo natural de pragas. O capítulo examina técnicas agroecológicas como a policultura, a agrofloresta, as culturas de cobertura e a gestão integrada de pragas (IPM) como abordagens viáveis para aumentar a resiliência e a sustentabilidade dos sistemas agrícolas.

6.4 Produção vegetal sustentável e gestão do solo

A produção de culturas sustentáveis centra-se no aumento dos rendimentos, minimizando o impacto ambiental. Exploramos técnicas agrícolas inovadoras, como a agricultura de conservação, a agricultura de precisão e a agricultura biológica, que promovem a saúde do solo, a eficiência da água e o sequestro de carbono. O capítulo aborda práticas de conservação do solo, incluindo a agricultura de plantio direto, a rotação de culturas e o uso de adubos verdes e compostos para manter a fertilidade do solo e reduzir a erosão.

6.5 Gestão da água na agricultura

A escassez de água e o uso ineficiente da água representam desafios significativos para a agricultura sustentável. Examinamos a importância das estratégias de gestão da água, incluindo a irrigação gota a gota, a recolha de água da chuva e as variedades de culturas eficientes em termos de água, na conservação dos recursos de água doce e no aumento da produtividade agrícola. O capítulo aborda os impactos das práticas de irrigação nos ecossistemas aquáticos, o esgotamento das águas subterrâneas e a necessidade de abordagens integradas de gestão dos recursos hídricos nas paisagens agrícolas.

6.6 Pecuária sustentável

A produção pecuária é essencial para a segurança alimentar global, mas também contribui para a degradação ambiental através da conversão de terras, emissões de metano e poluição da água. Discutimos práticas sustentáveis de criação de gado, como o pastoreio rotativo, sistemas silvopastoris e melhorias na eficiência alimentar, com o objetivo de reduzir a pegada ambiental e melhorar o bem-estar dos animais. Os estudos de caso destacam exemplos bem sucedidos de sistemas integrados de culturas-pecuária que promovem o equilíbrio ecológico e a resiliência económica.

6.7 Segurança alimentar e resiliência

Alcançar a segurança alimentar - garantir que todas as pessoas tenham acesso a alimentos seguros, nutritivos e suficientes - é um desafio complexo exacerbado pelas alterações climáticas, pelo crescimento populacional e pelas disparidades económicas. Exploramos estratégias para melhorar a segurança alimentar, incluindo a intensificação sustentável da agricultura, iniciativas de agricultura em pequena escala, melhor acesso ao mercado para os pequenos agricultores e redes de segurança social para apoiar as comunidades vulneráveis durante períodos de insegurança alimentar.

6.8 Sistemas alimentares sustentáveis e escolhas dos consumidores

A transição para sistemas alimentares sustentáveis requer o envolvimento de consumidores, produtores, decisores políticos e partes interessadas em toda a cadeia de abastecimento alimentar. Discutimos o papel da política alimentar, dos sistemas de certificação (por exemplo, orgânico, comércio justo) e da educação do consumidor na promoção de escolhas alimentares sustentáveis, na redução do desperdício alimentar e no apoio às economias alimentares locais. O capítulo sublinha a importância de promover uma cultura alimentar que valorize a nutrição, a biodiversidade e a gestão ambiental.

6.9 Conclusão: Cultivar uma agricultura sustentável

Ao concluirmos a nossa exploração da agricultura sustentável e da segurança alimentar, reflectimos sobre a interligação entre a produção alimentar, a sustentabilidade ambiental e o bem-estar humano. Este capítulo serve como um apelo à ação para dar prioridade às práticas agrícolas sustentáveis, proteger os recursos naturais e promover o acesso equitativo a alimentos nutritivos para as gerações presentes e futuras. Ao adotar os princípios agroecológicos, fomentar a inovação e defender políticas que apoiem sistemas alimentares sustentáveis, podemos construir uma "Terra Harmónica" resiliente, onde a agricultura prospera em harmonia com a natureza.

Capítulo 7: Energias renováveis e tecnologias sustentáveis

O capítulo 7 de "Harmony Earth: A Journey into Environmental Science" explora o papel fundamental das energias renováveis e da tecnologia sustentável na mitigação das alterações climáticas, na redução do impacto ambiental e na promoção de um futuro energético resiliente. Este capítulo examina várias fontes de energia renovável, inovações tecnológicas e as suas implicações para alcançar uma "Terra Harmonia" sustentável.

7.1 Introdução às energias renováveis

As fontes de energia renováveis - tais como a energia solar, eólica, hidroelétrica, biomassa e geotérmica - oferecem alternativas sustentáveis aos combustíveis fósseis, aproveitando os recursos naturais que se reabastecem ao longo do tempo. Exploramos a importância da transição dos combustíveis fósseis para as energias renováveis para mitigar as emissões de gases com efeito de estufa, reduzir a poluição atmosférica e aumentar a segurança energética. O capítulo destaca a transição energética global para as fontes renováveis e os desafios e oportunidades associados a esta mudança.

7.2 Energia Solar: Aproveitar o Poder do Sol

A energia solar é uma das fontes de energia renovável de crescimento mais rápido, utilizando a tecnologia fotovoltaica (PV) para converter a luz solar em eletricidade. Discutimos os princípios da captação, armazenamento e distribuição de energia solar, incluindo painéis solares em telhados, parques solares e sistemas de energia solar concentrada (CSP). Os estudos de caso ilustram projectos de energia solar bem sucedidos em todo o mundo e o potencial da energia solar para descentralizar a produção de energia e capacitar as comunidades.

7.3 Energia eólica: Aproveitar o vento

A energia eólica aproveita a energia cinética do vento para gerar eletricidade através de turbinas eólicas. Examinamos a conceção, o funcionamento e as considerações ambientais dos parques eólicos em terra e no mar, destacando o seu papel no fornecimento de energia limpa e renovável. O capítulo explora os avanços tecnológicos na eficiência das turbinas eólicas, os desafios da integração na rede e o envolvimento da comunidade em projectos de energia eólica.

7.4 Energia hidroelétrica: Potencialização dos recursos hídricos

A energia hidroelétrica utiliza a energia da água corrente - de rios, barragens e correntes de maré - para gerar eletricidade. Discutimos os benefícios e desafios da energia hidroelétrica, incluindo o seu papel nas carteiras de energias renováveis, as implicações da gestão da água e os impactos ambientais nos ecossistemas fluviais e nas populações de peixes. Os estudos de caso examinam projectos hidroeléctricos sustentáveis e inovações em sistemas hidroeléctricos de pequena escala para melhorar o acesso à energia em áreas remotas.

7.5 Energia da biomassa: Utilização da matéria orgânica

A energia da biomassa deriva de materiais orgânicos - como a madeira, os resíduos agrícolas e os biocombustíveis - que podem ser convertidos em calor, eletricidade ou combustíveis para transportes. Exploramos o potencial da energia da biomassa como um recurso renovável, abordando as preocupações de sustentabilidade relacionadas com a utilização dos solos, a biodiversidade e as emissões de gases com efeito de estufa. O capítulo aborda as tecnologias de bioenergia, incluindo a produção de biogás, a combustão de biomassa e os biocombustíveis a partir de algas e resíduos.

7.6 Energia geotérmica: Aproveitar o calor da Terra

A energia geotérmica aproveita o calor do interior da Terra para gerar eletricidade e fornecer soluções de aquecimento e arrefecimento. Examinamos as centrais geotérmicas, as aplicações de utilização direta (por exemplo, aquecimento urbano, aquecimento de estufas) e os sistemas geotérmicos melhorados (EGS) para expandir a capacidade da energia geotérmica. O capítulo explora o potencial da energia geotérmica como uma fonte de energia renovável fiável e de base com um impacto ambiental mínimo.

7.7 Tecnologias emergentes e inovações

Os avanços nas energias renováveis e nas tecnologias sustentáveis estão a impulsionar mudanças transformadoras nos sistemas energéticos. Discutimos as tecnologias emergentes, como os conversores de energia das marés e das ondas, as soluções de armazenamento de energia (por exemplo, baterias, centrais hidroeléctricas por bombagem), as redes inteligentes e as aplicações de cadeias de blocos no comércio de energia. O capítulo examina o papel dos centros de inovação, das colaborações de investigação e das parcerias público-privadas na aceleração da implantação e da relação custo-eficácia das tecnologias de energias renováveis.

7.8 Soluções de transporte sustentáveis

Os transportes contribuem significativamente para o consumo de energia e para as emissões de gases com efeito de estufa. Exploramos soluções de transporte sustentáveis, incluindo veículos eléctricos (VEs), células de combustível de hidrogénio, biocombustíveis e sistemas de transportes públicos alimentados por energias renováveis. O capítulo discute os incentivos políticos, o desenvolvimento de infra-estruturas e as tendências de adoção pelos consumidores que impulsionam a transição para alternativas de transporte com baixo teor de carbono.

7.9 Conclusão: Rumo a um futuro renovável

Ao concluirmos a nossa exploração das energias renováveis e da tecnologia sustentável, reflectimos sobre o potencial transformador das energias limpas para mitigar as alterações climáticas, aumentar a segurança energética e promover a gestão ambiental. Este capítulo serve como um apelo à ação para acelerar a transição global para as fontes de energia renováveis, promover a inovação e construir infra-estruturas energéticas resilientes para uma "Harmony Earth" sustentável. Abraçando os avanços tecnológicos, apoiando políticas de energias renováveis e capacitando as comunidades para participarem na revolução das energias limpas, podemos criar um futuro próspero onde a energia seja abundante, acessível e ambientalmente sustentável.

Capítulo 8: Sustentabilidade urbana e cidades resilientes

O capítulo 8 de "Harmony Earth: A Journey into Environmental Science" explora a intersecção dinâmica da urbanização, sustentabilidade e resiliência no contexto das cidades em rápido crescimento em todo o mundo. Este capítulo examina as dimensões ambientais, sociais e económicas da sustentabilidade urbana e as estratégias para construir cidades resilientes que possam prosperar em harmonia com a natureza.

8.1 Urbanização e seus impactos

A urbanização é um fenómeno global caracterizado pelo rápido crescimento das cidades e das zonas urbanas. Discutimos os motores da urbanização, incluindo o crescimento da população, a migração rural-urbana e o desenvolvimento económico, bem como as consequências ambientais da expansão urbana. O capítulo explora a expansão urbana, as alterações na utilização dos solos, as exigências em termos de infra-estruturas e os padrões de consumo de recursos que sobrecarregam os ecossistemas naturais e contribuem para a degradação ambiental.

8.2 Princípios da sustentabilidade urbana

A sustentabilidade urbana procura equilibrar o crescimento económico, a equidade social e a proteção ambiental em ambientes urbanos. Examinamos os princípios do desenvolvimento urbano sustentável, incluindo a conceção urbana compacta, o planeamento da utilização mista dos solos, sistemas de transporte eficientes, práticas de construção ecológica e acesso a espaços verdes. Os estudos de caso ilustram iniciativas de cidades sustentáveis e estratégias de planeamento urbano que promovem a eficiência dos recursos e reduzem as pegadas ecológicas.

8.3 Infra-estruturas verdes e serviços ecossistémicos

As infra-estruturas verdes - como parques, florestas urbanas, telhados verdes e zonas húmidas - desempenham um papel crucial no reforço da resiliência urbana e no apoio aos serviços ecossistémicos. Exploramos os benefícios dos espaços verdes nas cidades, incluindo a regulação da temperatura, a melhoria da qualidade do ar, a gestão das águas pluviais, a conservação da biodiversidade e as oportunidades de lazer. O capítulo discute a integração da infraestrutura verde no planeamento e conceção urbanos para criar ambientes urbanos mais saudáveis e habitáveis.

8.4 Transportes e mobilidade sustentáveis

Os transportes são um dos principais factores que contribuem para as emissões urbanas e a poluição atmosférica. Discutimos soluções de transportes sustentáveis, incluindo sistemas de transportes públicos, infra-estruturas para andar a pé e de bicicleta, veículos eléctricos (VE) e programas de partilha de automóveis. O capítulo examina políticas e iniciativas para promover a mobilidade sustentável, reduzir o congestionamento do tráfego, melhorar a qualidade do ar e aumentar a acessibilidade urbana e a equidade social.

8.5 Eficiência energética e energias renováveis nas cidades

As cidades consomem uma parte significativa dos recursos energéticos globais e contribuem para as emissões de gases com efeito de estufa. Exploramos estratégias para melhorar a eficiência energética nos edifícios, nas indústrias e nos sistemas de transporte através de códigos de construção, auditorias energéticas, projectos de reabilitação e tecnologias de redes inteligentes. O capítulo discute a integração de fontes de energia renováveis - como a energia solar, eólica e geotérmica - nos sistemas energéticos urbanos para alcançar a neutralidade carbónica e aumentar a segurança energética.

8.6 Resiliência às alterações climáticas e aos riscos naturais

As cidades são cada vez mais vulneráveis aos impactes das alterações climáticas, incluindo fenómenos meteorológicos extremos, subida do nível do mar e ondas de calor. Examinamos as estratégias de resiliência, incluindo o planeamento da adaptação climática, a modernização das infra-estruturas, a gestão dos riscos de inundação e os sistemas de alerta precoce. Os estudos de caso destacam as cidades que implementam medidas de resiliência para proteger as populações vulneráveis, as infra-estruturas críticas e os ecossistemas naturais dos riscos relacionados com o clima.

8.7 Gestão sustentável da água

A escassez de água, a poluição e o envelhecimento das infra-estruturas colocam desafios à gestão da água urbana. Discutimos práticas sustentáveis no domínio da água, incluindo medidas de conservação da água, recolha de águas pluviais, sistemas descentralizados de tratamento de águas residuais e infra-estruturas verdes para águas pluviais. O capítulo examina abordagens integradas de gestão de recursos hídricos que promovem a segurança da água, protegem a qualidade da água e aumentam a resistência a secas e inundações em áreas urbanas.

8.8 Equidade social e envolvimento da comunidade

Para alcançar a sustentabilidade urbana é necessário abordar a equidade social e promover uma governação inclusiva e participativa. Exploramos a importância do envolvimento da comunidade, da consulta às partes interessadas e do acesso equitativo aos serviços básicos, à habitação e aos espaços verdes. O capítulo discute estratégias para reduzir as desigualdades urbanas, capacitar as comunidades marginalizadas e promover a coesão social através de políticas e iniciativas urbanas equitativas.

8.9 Conclusão: Construir cidades resilientes e sustentáveis

Ao concluirmos a nossa exploração da sustentabilidade urbana e das cidades resilientes, reflectimos sobre o potencial transformador da urbanização para promover a gestão ambiental, a prosperidade económica e o bem-estar social. Este capítulo serve como um apelo à ação para dar prioridade ao desenvolvimento urbano sustentável, integrar a resiliência no planeamento urbano e criar ambientes urbanos habitáveis e inclusivos para as gerações presentes e futuras. Ao abraçar a inovação, a colaboração e as práticas sustentáveis, as cidades podem liderar o caminho para uma "Terra Harmónica" resiliente e harmoniosa, onde o crescimento urbano melhora, em vez de diminuir, a qualidade de vida e a saúde do planeta.

Capítulo 9: Conservação dos recursos naturais

O capítulo 9 de "Harmony Earth: Uma Viagem à Ciência do Ambiente" centra-se na conservação dos recursos naturais, dando ênfase à gestão sustentável e à preservação dos recursos finitos da Terra para as gerações futuras. Este capítulo explora os princípios, desafios e abordagens inovadoras para a conservação dos recursos naturais face à crescente procura global e às pressões ambientais.

9.1 Introdução aos recursos naturais

Os recursos naturais abrangem uma vasta gama de materiais e ecossistemas renováveis e não renováveis que fornecem bens e serviços essenciais para sustentar a vida na Terra. Abordamos a classificação dos recursos naturais - como as florestas, a água doce, os minerais, as pescas e a biodiversidade - e o seu valor ecológico, económico e cultural. O capítulo realça a interligação dos sistemas naturais e a importância de uma gestão responsável para manter a disponibilidade dos recursos e a integridade dos ecossistemas.

9.2 Desafios à conservação dos recursos naturais

As actividades humanas, incluindo o crescimento da população, a industrialização, o consumo excessivo e as práticas de extração insustentáveis, representam ameaças significativas aos recursos naturais. Examinamos os impactos ambientais da exploração de recursos, incluindo a destruição de habitats, a desflorestação, a degradação dos solos, a poluição da água e o esgotamento das pescas e das reservas minerais. Os estudos de caso ilustram as consequências globais do esgotamento dos recursos e destacam as regiões que enfrentam uma grave escassez de recursos e degradação ambiental.

9.3 Silvicultura sustentável e conservação da biodiversidade

As florestas desempenham um papel vital na conservação da biodiversidade, no sequestro de carbono e na prestação de serviços ecossistémicos. Discutimos as práticas de silvicultura sustentável, incluindo o abate seletivo de árvores, a certificação florestal (por exemplo, FSC) e os esforços de reflorestação destinados a restaurar paisagens degradadas. O capítulo explora a importância das áreas protegidas, dos corredores de vida selvagem e dos projectos de recuperação de habitats na preservação da biodiversidade florestal e na atenuação dos impactos das alterações climáticas.

9.4 Gestão sustentável dos recursos hídricos

A água é um recurso natural fundamental, essencial para a saúde humana, a agricultura, a indústria e o funcionamento dos ecossistemas. Examinamos estratégias para a gestão sustentável dos recursos hídricos, incluindo a proteção das bacias hidrográficas, medidas de conservação da água, gestão integrada das bacias hidrográficas e atribuição equitativa da água. O capítulo discute os desafios da escassez de água, da poluição e das exigências concorrentes nas regiões áridas e semi-áridas, salientando a necessidade de abordagens holísticas para garantir a segurança da água e a resiliência dos ecossistemas.

9.5 Pesca sustentável e conservação marinha

Os ecossistemas marinhos saudáveis apoiam as pescas, os meios de subsistência costeiros e a segurança alimentar global. Exploramos as práticas de gestão sustentável das pescas, incluindo as quotas de pesca, as áreas marinhas protegidas (AMP), a gestão das pescas baseada nos ecossistemas e os esforços para combater a pesca ilegal, não declarada e não regulamentada (INN). O capítulo aborda os impactos da sobrepesca, da destruição de habitats e das alterações climáticas na biodiversidade marinha e a importância da cooperação internacional na conservação dos recursos oceânicos.

9.6 Recursos minerais: Extração e reciclagem

Os recursos minerais - tais como metais, minerais e combustíveis fósseis - são essenciais para o desenvolvimento económico e a produção industrial. Discutimos práticas mineiras sustentáveis, incluindo métodos de extração responsáveis, reabilitação de minas e esforços para minimizar os impactos ambientais (por exemplo, degradação dos solos, poluição da água). O capítulo examina o papel da eficiência dos recursos, da reciclagem e dos princípios da economia circular na redução da dependência de materiais virgens e na promoção da utilização sustentável dos recursos.

9.7 Recursos energéticos: Transição para as energias renováveis

Os recursos energéticos - como os combustíveis fósseis, a energia nuclear e as fontes renováveis - são fundamentais para alimentar as economias e satisfazer a procura global de energia. Exploramos a transição dos combustíveis fósseis para as fontes de energia renováveis, incluindo os desafios da segurança energética, a integração na rede e a eliminação progressiva dos sistemas energéticos com elevada intensidade de carbono. O capítulo discute as políticas, os incentivos e as inovações tecnológicas que estão a impulsionar a mudança para um futuro energético sustentável e a reduzir os impactos ambientais associados à produção e ao consumo de energia.

9.8 Serviços ecossistémicos e capital natural

Os serviços dos ecossistemas - tais como a polinização, a purificação da água, a regulação do clima e os serviços culturais - são essenciais para o bem-estar humano e a prosperidade económica. Examinamos o conceito de capital natural, a avaliação económica dos serviços dos ecossistemas e a importância de integrar as considerações sobre o capital natural nos processos de tomada de decisões. O capítulo discute a recuperação de ecossistemas, os investimentos em infra-estruturas verdes e os pagamentos por serviços ecossistémicos (PES) como mecanismos para salvaguardar os recursos naturais e aumentar a resiliência socioecológica.

9.9 Conclusão: Rumo a uma gestão sustentável dos recursos

Ao concluirmos a nossa exploração da conservação dos recursos naturais, reflectimos sobre o imperativo de adotar práticas sustentáveis, proteger a biodiversidade e salvaguardar o património natural da Terra para as gerações futuras. Este capítulo serve como um apelo à ação para dar prioridade aos esforços de conservação, promover a gestão responsável dos recursos e fomentar a cooperação internacional para enfrentar os desafios ambientais globais. Abraçando a inovação, adoptando padrões de consumo sustentáveis e defendendo políticas que equilibrem a conservação com as necessidades humanas, podemos construir uma "Terra Harmonia" resiliente e harmoniosa, onde os recursos naturais são geridos de forma sensata e sustentável.

Capítulo 10: Mitigação e adaptação às alterações climáticas

O capítulo 10 de "Harmony Earth: A Journey into Environmental Science" explora os desafios multifacetados colocados pelas alterações climáticas e as estratégias críticas para mitigar os seus impactos e adaptar-se às suas consequências inevitáveis. Este capítulo aprofunda a ciência das alterações climáticas, as suas implicações globais e as abordagens inovadoras necessárias para promover a resiliência e a sustentabilidade num clima em mudança.

10.1 Compreender as alterações climáticas

As alterações climáticas referem-se a mudanças a longo prazo nos padrões climáticos globais ou regionais, atribuídas principalmente às actividades humanas, incluindo a queima de combustíveis fósseis, a desflorestação e os processos industriais. Discutimos a ciência subjacente às alterações climáticas, incluindo as emissões de gases com efeito de estufa, o aumento do efeito de estufa e os impactos climáticos observados, como o aumento das temperaturas, a alteração dos padrões de precipitação e a subida do nível do mar. O capítulo sublinha a urgência de abordar as alterações climáticas para evitar impactos catastróficos nos ecossistemas, nas economias e nas sociedades humanas.

10.2 Emissões de gases com efeito de estufa: Fontes e Impactos

Os gases com efeito de estufa (GEE) - como o dióxido de carbono (CO_2), o metano (CH_4) e o óxido nitroso (N_2O) - retêm o calor na atmosfera da Terra, provocando o aquecimento global e as alterações climáticas. Examinamos as principais fontes de emissões de GEE, incluindo a produção de energia, os transportes, a indústria, a agricultura e a desflorestação. O capítulo aborda os impactes ambientais e sociais das emissões de GEE, incluindo a acidificação dos oceanos, fenómenos meteorológicos extremos, perda de biodiversidade e perturbações no abastecimento de alimentos e água.

10.3 Estratégias de mitigação: Redução das emissões de gases com efeito de estufa

As estratégias de atenuação visam reduzir as emissões de gases com efeito de estufa e limitar o aumento da temperatura global para atenuar os impactos das alterações climáticas. Exploramos uma série de medidas de mitigação, incluindo:

- **Transição energética**: Transição dos combustíveis fósseis para fontes de energia renováveis (solar, eólica, hídrica, geotérmica) para descarbonizar o sector da energia.
- **Eficiência energética**: Melhorar a eficiência energética em edifícios, indústrias e transportes para reduzir o consumo de energia e as emissões.
- **Reduções de emissões**: Implementação de políticas, regulamentos e mecanismos de mercado (por exemplo, fixação de preços do carbono, sistemas de limitação e comércio) para incentivar as reduções de emissões em todos os sectores.
- **Utilização sustentável dos solos**: Proteger as florestas, promover a reflorestação e a florestação e implementar práticas agrícolas sustentáveis para aumentar o sequestro de carbono e reduzir a desflorestação.

Os estudos de caso destacam iniciativas de mitigação bem-sucedidas, acordos internacionais (por exemplo, o Acordo de Paris) e esforços de colaboração para acelerar a transição global para uma economia de baixo carbono.

10.4 Estratégias de adaptação: Criação de resiliência climática

As estratégias de adaptação têm como objetivo preparar as comunidades, os ecossistemas e as economias para os impactos das alterações climáticas que não podem ser evitados. Discutimos as medidas de adaptação, incluindo:

- **Infra-estruturas resilientes às alterações climáticas**: Conceção e adaptação das infra-estruturas para resistirem a fenómenos meteorológicos extremos (por exemplo, inundações, tempestades, ondas de calor).

- **Gestão dos recursos naturais**: Implementar uma gestão sustentável da água, medidas de proteção costeira e recuperação de ecossistemas para aumentar a resiliência.
- **Envolvimento da comunidade**: Capacitar as comunidades através de uma agricultura inteligente em termos climáticos, sistemas de alerta precoce e redes de segurança social para reduzir a vulnerabilidade.
- **Política e planeamento**: Integrar as considerações climáticas no planeamento urbano, nas estratégias de redução do risco de catástrofes e nas políticas sectoriais (por exemplo, saúde, agricultura).

O capítulo examina as estratégias de adaptação regional, os sistemas de conhecimentos indígenas e o papel da governação local na promoção da capacidade de adaptação e da resiliência em diversos contextos socioecológicos.

10.5 Inovações tecnológicas e soluções climáticas

As inovações tecnológicas desempenham um papel fundamental no avanço dos esforços de atenuação e adaptação às alterações climáticas. Exploramos as tecnologias emergentes, incluindo:

- **Captura e armazenamento de carbono (CCS)**: Capturar as emissões de CO2 dos processos industriais e armazená-las no subsolo para atenuar os impactes climáticos.
- **Agricultura inteligente face ao clima**: Desenvolvimento de culturas resistentes à seca, técnicas agrícolas de precisão e práticas de fixação de carbono no solo para aumentar a resiliência agrícola.
- **Serviços de informação climática**: Utilização de dados de satélite, modelos climáticos e sistemas de alerta precoce para informar a tomada de decisões e a preparação para catástrofes.
- **Tecnologias de energias renováveis**: Avanço da energia solar fotovoltaica, das turbinas eólicas e das soluções de

armazenamento de energia para aumentar a implantação das energias renováveis e reduzir a dependência dos combustíveis fósseis.

O capítulo aborda o papel da investigação e desenvolvimento, das parcerias público-privadas e da colaboração internacional na aceleração da implantação e acessibilidade das soluções climáticas.

10.6 Cooperação global e diplomacia climática

A resposta às alterações climáticas exige uma ação colectiva e cooperação internacional. Examinamos o papel das negociações globais sobre o clima (por exemplo, reuniões da COP), acordos multilaterais (por exemplo, Protocolo de Montreal, Protocolo de Quioto) e mecanismos de financiamento do clima (por exemplo, Fundo Verde para o Clima) na facilitação da cooperação global em matéria de atenuação e adaptação. O capítulo aborda os desafios que se colocam à obtenção de consensos entre as diversas partes interessadas, à superação das considerações de justiça climática e à promoção da equidade nas acções climáticas.

10.7 Educação e envolvimento do público

A sensibilização para as alterações climáticas, a educação e o envolvimento do público são essenciais para promover a tomada de decisões informadas e a ação colectiva. Exploramos o papel da educação ambiental, das campanhas de comunicação e do envolvimento cívico na sensibilização para os impactos das alterações climáticas, na promoção de estilos de vida sustentáveis e na defesa da ação climática. O capítulo destaca a importância de capacitar os jovens, as comunidades indígenas e as organizações da sociedade civil como agentes de mudança no esforço global para enfrentar as alterações climáticas.

10.8 Conclusão: Rumo a um futuro resiliente às alterações climáticas

Ao concluirmos a nossa exploração da mitigação e adaptação às alterações climáticas, reflectimos sobre o imperativo de acelerar uma ação climática ambiciosa, promover a resiliência e construir um futuro sustentável e equitativo para todos. Este capítulo serve como um apelo à ação para dar prioridade à resiliência climática, inovar as soluções e cumprir os compromissos internacionais de salvaguardar a "Harmonia da

Terra" para as gerações presentes e futuras. Ao adotar estratégias baseadas na ciência, promover a colaboração entre sectores e fronteiras e defender políticas transformadoras, podemos mitigar os riscos climáticos, melhorar a capacidade de adaptação e criar uma comunidade global resiliente preparada para enfrentar os desafios de um clima em mudança.

Capítulo 11: Rumo à "Harmonia da Terra" - Uma visão para um futuro sustentável

O capítulo 11 de "Harmony Earth: A Journey into Environmental Science" serve como ponto culminante da nossa exploração, perspectivando um futuro sustentável onde a humanidade vive em harmonia com a natureza. Este capítulo sintetiza os principais temas, desafios e oportunidades discutidos ao longo do livro, oferecendo uma visão e caminhos para alcançar uma "Terra Harmonia" resiliente e próspera.

11.1 Reflexão sobre o nosso percurso

Começamos por refletir sobre a viagem de exploração através das ciências ambientais, da biologia da conservação, da agricultura sustentável, das energias renováveis, da sustentabilidade urbana, da conservação dos recursos naturais, da atenuação das alterações climáticas e da adaptação às mesmas. Revisitamos a interligação das questões ambientais e os seus impactos nos ecossistemas, na biodiversidade, na saúde humana e nos sistemas socioeconómicos. O capítulo reconhece a urgência de enfrentar os desafios ambientais globais, ao mesmo tempo que reconhece o progresso e as inovações em práticas e políticas sustentáveis em todo o mundo.

11.2 Princípios de sustentabilidade

No centro da nossa visão de "Harmony Earth" estão os princípios da sustentabilidade, que integram a gestão ambiental, a prosperidade económica e a equidade social. Discutimos os princípios do desenvolvimento sustentável, incluindo:

- **Integridade ambiental**: Proteger e restaurar os ecossistemas, conservar a biodiversidade e minimizar o impacto ambiental.
- **Equidade social**: Promover a equidade, a justiça e a inclusão no acesso a recursos, oportunidades e processos de tomada de decisões.

- **Resiliência económica**: Promover sistemas económicos que dêem prioridade à eficiência dos recursos, à inovação e aos meios de subsistência sustentáveis.

O capítulo explora o conceito de fronteiras planetárias e a importância de viver dentro dos limites ecológicos para garantir um futuro sustentável para as gerações vindouras.

11.3 Vias para a sustentabilidade

Com base na nossa compreensão dos princípios de sustentabilidade, delineamos caminhos para alcançar uma "Terra Harmonia" sustentável:

- **Transição para as energias renováveis**: Acelerar a transição dos combustíveis fósseis para as fontes de energia renováveis, promover a eficiência energética e investir em tecnologias limpas.
- **Consumo e produção sustentáveis**: Promover os princípios da economia circular, reduzir a produção de resíduos e adotar estilos de vida sustentáveis que dêem prioridade à conservação dos recursos e ao consumo responsável.
- **Conservação e recuperação de ecossistemas**: Proteção dos habitats naturais, recuperação de ecossistemas degradados e reforço dos esforços de conservação da biodiversidade.
- **Urbanização resiliente**: Implementação de um planeamento urbano sustentável, investimentos em infra-estruturas verdes e promoção de cidades compactas e transitáveis com sistemas de transporte eficientes.
- **Ação climática**: Intensificar os esforços de atenuação e adaptação às alterações climáticas, fomentar comunidades resistentes ao clima e promover a cooperação global em matéria de política e financiamento do clima.
- **Educação e sensibilização**: Capacitar os indivíduos, as comunidades e as partes interessadas através da educação ambiental, da criação de capacidades e do envolvimento do público para promover uma cultura de sustentabilidade.

11.4 Abraçar a inovação e a colaboração

A inovação e a colaboração são factores essenciais para o progresso em direção à sustentabilidade. Destacamos o papel da tecnologia, da investigação e do desenvolvimento na promoção de soluções sustentáveis em todos os sectores. O capítulo sublinha a importância das parcerias público-privadas, da cooperação internacional e do envolvimento de várias partes interessadas na abordagem dos desafios ambientais globais e na consecução de objectivos de sustentabilidade partilhados.

11.5 Reforçar a resiliência e a adaptabilidade

À medida que navegamos nas incertezas e complexidades de um mundo em rápida mudança, a resiliência e a adaptabilidade são fundamentais. Discutimos estratégias para aumentar a resiliência às escalas local, regional e global, incluindo a preparação para catástrofes, abordagens de gestão adaptativa e iniciativas de resiliência baseadas na comunidade. O capítulo explora a interseccionalidade da resiliência social, ecológica e económica e a importância da equidade e da inclusão no desenvolvimento da capacidade de adaptação.

11.6 Capacitar as gerações futuras

A visão da "Harmony Earth" depende da capacitação das gerações futuras para se tornarem administradores ambientais e agentes de mudança. Discutimos o papel da educação, do envolvimento dos jovens e da equidade intergeracional na construção de um futuro sustentável. O capítulo apela ao desenvolvimento de um sentido de cidadania planetária, de responsabilidade ética para com a natureza e de um compromisso de ação colectiva para a sustentabilidade global.

11.7 Conclusão: Um apelo à ação

Ao concluirmos a nossa viagem em direção à "Harmonia da Terra", lançamos um apelo coletivo à ação aos governos, empresas, sociedade civil e indivíduos de todo o mundo:

- **Compromisso com a sustentabilidade**: Comprometer-se com uma ação climática ambiciosa, esforços de conservação e objectivos de desenvolvimento sustentável para salvaguardar os sistemas e recursos naturais da Terra.

- **Colaboração e solidariedade**: Promover a colaboração, a solidariedade e as parcerias entre sectores e fronteiras para enfrentar eficazmente os desafios ambientais globais.
- **Inovação e adaptação**: Abraçar a inovação, os avanços tecnológicos e as estratégias de adaptação para criar resiliência e garantir um futuro sustentável e equitativo para todos.
- **Capacitação e Educação**: Capacitar os indivíduos e as comunidades através da educação, da sensibilização e da criação de capacidades para promover mudanças positivas no sentido da sustentabilidade.

11.8 Olhando para o futuro

Olhando para o futuro, a viagem em direção à "Harmonia da Terra" é uma evolução contínua, que exige um compromisso permanente, criatividade e determinação de todas as partes interessadas. O capítulo termina com um sentimento de otimismo e de possibilidade, imaginando um mundo onde a humanidade vive em harmonia com a natureza, prosperando em equilíbrio com os ecossistemas da Terra e contribuindo para um futuro sustentável e próspero para as gerações vindouras.

Capítulo 12: Um apelo à ação para uma "Terra em Harmonia"

O capítulo 12 de "Harmony Earth: A Journey into Environmental Science" serve como um apelo convincente à ação, incitando indivíduos, comunidades, governos e organizações de todo o mundo a abraçar a sustentabilidade, a proteger o ambiente e a promover uma relação harmoniosa com a Terra. Este capítulo final sintetiza os principais temas, desafios e oportunidades discutidos ao longo do livro, inspirando a ação colectiva para um futuro sustentável.

12.1 Abraçar a sustentabilidade

No centro do nosso apelo à ação está o conceito de sustentabilidade - uma abordagem que equilibra a gestão ambiental, a prosperidade económica e a equidade social. Revisitamos os princípios do desenvolvimento sustentável, salientando a interligação entre integridade ecológica, bem-estar social e resiliência económica. O capítulo sublinha a urgência de enfrentar os desafios ambientais globais, incluindo as alterações climáticas, a perda de biodiversidade, a poluição e o esgotamento dos recursos, através de uma ação transformadora.

12.2 Proteger os sistemas naturais da Terra

A proteção e a recuperação dos sistemas naturais e da biodiversidade da Terra são fundamentais para alcançar a "Harmonia da Terra". Discutimos a importância da conservação dos ecossistemas, da proteção das espécies ameaçadas e da recuperação de paisagens degradadas para manter o equilíbrio ecológico e a resiliência. O capítulo destaca o papel da biologia da conservação, da preservação do habitat e das práticas de gestão sustentável da terra na salvaguarda dos habitats naturais e na promoção da conservação da biodiversidade.

12.3 Avançar com a ação climática

As alterações climáticas representam uma profunda ameaça à estabilidade global e exigem uma ação climática imediata e ambiciosa. Revisitamos a ciência das alterações climáticas, salientando a necessidade de reduzir as emissões de gases com efeito de estufa, aumentar a resistência aos impactes climáticos e fazer a transição para uma economia com baixas emissões de carbono. O capítulo apela a medidas arrojadas de mitigação, estratégias de adaptação e cooperação internacional para atenuar os riscos climáticos e proteger as comunidades e os ecossistemas vulneráveis.

12.4 Promoção da agricultura sustentável e da segurança alimentar

A agricultura sustentável é essencial para a segurança alimentar, os meios de subsistência rurais e a sustentabilidade ambiental. Discutimos os princípios da agroecologia, da gestão da saúde dos solos, da conservação da água e das práticas agrícolas favoráveis à biodiversidade. O capítulo sublinha a importância de promover sistemas alimentares resistentes, apoiar os pequenos agricultores e garantir um acesso equitativo a alimentos nutritivos para todos. Apela ao investimento em investigação sobre agricultura sustentável, serviços de extensão e políticas que promovam os princípios agroecológicos e reduzam o desperdício alimentar.

12.5 Transição para as energias renováveis

A transição para as fontes de energia renováveis é fundamental para reduzir a dependência dos combustíveis fósseis, mitigar as alterações climáticas e aumentar a segurança energética. Revisitamos a importância da energia solar, eólica, hidroelétrica, geotérmica e de biomassa na diversificação das carteiras de energia e na descarbonização da economia. O capítulo apela ao aumento da implantação das energias renováveis, à melhoria da eficiência energética e ao investimento em tecnologias de energia limpa para acelerar a transição energética global para um futuro sustentável.

12.6 Construir cidades e comunidades urbanas resilientes

A urbanização apresenta desafios e oportunidades para a sustentabilidade. Discutimos o planeamento urbano sustentável, o desenvolvimento de infra-estruturas verdes e as iniciativas de cidades resilientes que visam melhorar a habitabilidade urbana, reduzir as pegadas ambientais e promover a inclusão social. O capítulo apela a cidades compactas e transitáveis, com sistemas de transportes públicos eficientes, espaços verdes e infra-estruturas resistentes ao clima, para fazer face às pressões da urbanização e melhorar a qualidade de vida dos residentes urbanos.

12.7 Fomentar a inovação e a colaboração

A inovação e a colaboração são essenciais para fazer avançar soluções sustentáveis e enfrentar desafios ambientais complexos. Revisitamos o papel da inovação tecnológica, da investigação e desenvolvimento e das parcerias público-privadas na promoção do progresso rumo à sustentabilidade. O capítulo sublinha a importância de fomentar centros de inovação, partilhar conhecimentos e melhores práticas e promover a colaboração intersectorial para acelerar a adoção de práticas e tecnologias sustentáveis.

12.8 Capacitar as comunidades e os indivíduos

Para alcançar a "Harmonia da Terra" é necessário capacitar os indivíduos, as comunidades e as partes interessadas para se tornarem agentes activos de mudança. Discutimos a importância da educação, da sensibilização e da criação de capacidades na promoção de comportamentos sustentáveis, da gestão ambiental e da participação cívica. O capítulo apela a processos de tomada de decisão inclusivos, à governação participativa e ao acesso equitativo a recursos e oportunidades para garantir que todas as pessoas possam contribuir e beneficiar dos esforços de sustentabilidade.

12.9 Compromisso com a responsabilidade ética

A responsabilidade ética para com a Terra e as gerações futuras está na base do nosso apelo à ação. Revisitamos os princípios da ética ambiental, da equidade intergeracional e da justiça social na definição das vias de desenvolvimento sustentável. O capítulo apela à tomada de decisões éticas, à responsabilização e a um compromisso partilhado para deixar um legado positivo às gerações futuras, preservando o património natural da Terra e assegurando um planeta próspero para todas as formas de vida.

12.10 Conclusão: Rumo à "Terra da Harmonia"

Ao concluirmos o nosso percurso na ciência ambiental e na sustentabilidade, imaginamos um futuro em que a humanidade vive em harmonia com a natureza, respeitando os limites do planeta e promovendo o bem-estar de todos. Este capítulo serve como um grito de guerra para uma ação corajosa, colaboração e solidariedade às escalas local, nacional e global. Apela aos governos para que adoptem políticas ambientais ambiciosas, às empresas para que adoptem práticas sustentáveis, às comunidades para que adoptem a resiliência e a adaptação e aos indivíduos para que façam escolhas conscientes que apoiem a integridade ecológica e a equidade social.

12.11 Juntos pela "Harmonia da Terra"

O nosso apelo à ação convida indivíduos, organizações e líderes de todos os sectores a juntarem-se na busca da "Harmonia da Terra". Enfatiza o poder da ação colectiva, a defesa dos objectivos de desenvolvimento sustentável e o compromisso de criar um futuro sustentável e equitativo para as gerações actuais e futuras. O capítulo conclui com uma mensagem de esperança e determinação, inspirando um movimento global em direção à sustentabilidade, à resiliência e a uma relação harmoniosa com a Terra - uma casa partilhada que sustenta e nutre a vida em toda a sua diversidade.

Referências:

1. Kates, R.W. Que tipo de ciência é a ciência da sustentabilidade? *Proc. Natl. Acad. Sci. USA* **2011**, *108*, 19449.

2. Wang, B.; Zhang, Q.; Cui, F. Investigação científica sobre serviços ecossistémicos e bem-estar humano: Uma análise bibliométrica. *Ecol. Indic.* **2021**, *125*, 107449.

3. Torres, A.V.; Tiwari, C.; Atkinson, S.F. Progress in ecosystem services research: Um guia para académicos e profissionais. *Ecosyst. Serv.* **2021**, *49*, 101267.

4. Chen, C. CiteSpace II: Detetar e visualizar tendências emergentes e padrões transitórios na literatura científica. *J. Am. Soc. Inf. Sci. Technol.* **2006**, *57*, 359-377.

5. Aleixandre-Benavent, R.; Aleixandre-Tudó, J.L.; Castelló-Cogollos, L.; Aleixandre, J.L. Trends in scientific research on climate change in agriculture and forestry subject areas (2005-2014). *J. Clean. Prod.* **2017**, *147*, 406.

6. Liu, C.; Gui, Q. Mapeamento das estruturas intelectuais e da dinâmica da investigação em geografia dos transportes: Uma visão geral cientométrica de 1982 a 2014. *Scientometrics* **2016**, *109*, 159-184.

7. Chen, C. Science Mapping: A Systematic Review of the Literature. *J. Data Inf. Sci.* **2017**, *2*, 1-40.

8. Shi, Y.; Liu, X. Research on the Literature of Green Building Based on the Web of Science: Uma análise cientométrica no CiteSpace (2002-2018). *Sustainability* **2019**, *11*, 3716.

9. Aznar-Sánchez, J.A.; Belmonte-Ureña, M.J.; López-Serrano, J.F.; Velasco-Muñoz, J.F. Forest ecosystem services: Uma análise da investigação mundial Forests. *Florestas* **2018**, *9*, 453.

10.Liu, W.; Wang, J.; Li, C.; Chen, B.; Sun, Y. Using Bibliometric Analysis to Understand the Recent Progress in Agroecosystem Services Research. *Ecol. Econ.* **2019**, *156*, 293-305.

11.Chen, C. Um olhar sobre os primeiros oito meses da literatura sobre a COVID-19 no Microsoft Academic Graph: Themes, Citation Contexts, and Uncertainties (Temas, Contextos de Citação e Incertezas). *Front. Res. Metrics Anal.* **2020**, *5*, 607286.

12.Hood, W.W.; Wilson, C.S. The literature of bibliometrics, scientometrics, and informetrics. *Scientometrics* **2001**, *52*, 291.

13.Yang, H.; Shao, X.; Wu, M. A review on ecosystem health research: Uma visualização baseada no CiteSpace. *Sustentabilidade* **2019**, *11*, 4908.

14.Zhao, D.; Strotmann, A. Analysis and visualization of citation networks (Análise e visualização de redes de citação). Em *Synthesis Lectures on Information Concepts Retrieval & Services*; Morgan & Claypool Publishers: San Rafael, CA, EUA, 2015.

15.Börner, K.; Chen, C.; Boyack, K.W. Visualizing knowledge domains. *Annu. Rev. Inf. Sci. Technol.* **2003**, *37*, 179.

16.Yi, Y.; Luo, J.; Wübbenhorst, M. Research on political instability, uncertainty and risk during 1953-2019: A scientometric review. *Scientometrics* **2020**, *123*, 1051-1076.

17.Bennett, E.M.; Cramer, W.; Begossi, A.; Cundill, G.; Díaz, S.; Egoh, B.N.; Geijzendorffer, I.R.; Krug, C.B.; Lavorel, S.; Lazos, E.; et al. Linking biodiversity, ecosystem services, and human well-being: Three challenges for de-signing research for sustainability. *Curr. Opin. Environ. Sustain.* **2015**, *14*, 76-85.

18.Elmqvist, T.; Setälä, H.; Handel, S.N.; Van Der Ploeg, S.; Aronson, J.; Blignaut, J.N.; Gomez-Baggethun, E.; Nowak, D.J.; Kronenberg, J.; De Groot, R. Benefits of restoring ecosystem services in urban areas. *Curr. Opin. Environ. Sustain.* **2015**, *14*, 101-108.

19.Salzman, J.; Bennett, G.; Carroll, N.; Goldstein, A.; Jenkins, M. The global status and trends of Payments for Ecosystem Services. *Nat. Sustain.* **2018**, *1*, 136-144.

20.Plieninger, T.; Bieling, C.; Fagerholm, N.; Byg, A.; Hartel, T.; Hurley, P.; López-Santiago, C.A.; Nagabhatla, N.; Oteros-Rozas, E.; Raymond, C.M.; et al. The role of cultural ecosystem services in landscape management and planning. *Curr. Opin. Environ. Sustain.* **2015**, *14*, 28-33.

21.Berbés-Blázquez, M.; González, J.A.; Pascual, U. Towards an ecosystem services approach that addresses social power relations. *Curr. Opin. Environ. Sustain.* **2016**, *19*, 134-143.

22.Lescourret, F.; Magda, D.; Richard, G.; Adam-Blondon, A.-F.; Bardy, M.; Baudry, J.; Doussan, I.; Dumont, B.; Lefèvre, F.; Litrico, I.; et al. A social-ecological approach to managing multiple agro-ecosystem services. *Curr. Opin. Environ. Sustain.* **2015**, *14*, 68-75.

23.Gao, J.; Li, F.; Gao, H.; Zhou, C.; Zhang, X. O impacto das alterações do uso do solo nos serviços ecossistémicos relacionados com a água: Um estudo da bacia do rio Guishui, Pequim, China. *J. Clean. Prod.* **2017**, *163*, S148-S155.

24.Li, F.; Liu, X.; Zhang, X.; Zhao, D.; Liu, H.; Zhou, C.; Wang, R. Infraestrutura ecológica urbana: Uma rede integrada para serviços ecossistémicos e sistemas urbanos sustentáveis. *J. Clean. Prod.* **2017**, *163*, S12-S18.

25.Garbach, K.; Milder, J.C.; DeClerck, F.A.J.; Montenegro de Wit, M.; Driscoll, L.; Gemmill-Herren, B. Examinar a multifuncionalidade para o rendimento das culturas e os serviços ecossistémicos em cinco sistemas de intensificação agroecológica. *Int. J. Agric. Sustain.* **2017**, *15*, 11-28.

26.Calvet-Mir, L.; Corbera, E.; Martin, A.; Fisher, J.; Gross-Camp, N. Payments for ecosystem services in the tropics: A closer look at effectiveness and equity. *Curr. Opin. Environ. Sustain.* **2015**, *14*, 150-162.

27. Ma, X.; Zhang, L.; Wang, J.; Luo, Y. Domínio do conhecimento e tendências emergentes na investigação sobre equinococose: A scientometric analysis. *Int. J. Environ. Res. Saúde Pública* **2019**, *16*, 842.

28. Xiao, F.; Li, C.; Sun, J.; Zhang, L. Domínio do conhecimento e tendências emergentes na tecnologia fotovoltaica orgânica: A scientometric review based on citespace analysis. *Front. Chem.* **2017**, *5*, 67.

Printed by Books on Demand GmbH, Norderstedt / Germany